Johann Heinrich Robert Göppert

Die officinellen Gewächse europäischer botanischer Gärten

Insbesondere die des Königlichen botanischen Gartens der Universität Breslau

Johann Heinrich Robert Göppert

Die officinellen Gewächse europäischer botanischer Gärten
Insbesondere die des Königlichen botanischen Gartens der Universität Breslau

ISBN/EAN: 9783743396609

Hergestellt in Europa, USA, Kanada, Australien, Japan

Cover: Foto ©berggeist007 / pixelio.de

Manufactured and distributed by brebook publishing software
(www.brebook.com)

Johann Heinrich Robert Göppert

Die officinellen Gewächse europäischer botanischer Gärten

Die

officinellen Gewächse

europäischer

botanischer Gärten,

insbesondere

die des Königlichen botanischen Gartens
der Universität Breslau;

von

Dr. H. R. Göppert,

Königl. Preuss. Geh. Medicinalrath, Director des botanischen Gartens, Professor der
Medicin und Botanik an der Universität zu Breslau, Ritter des Königl. Preuss.
rothen Adler-Ordens zweiter Classe mit Eichenlaub und des Königl. Bayerschen
Civil-Verdienst-Ordens vom heil. Michael.

(Aus dem Maihefte des Archivs der Pharmacie, Jahrgang 1863, besonders abgedruckt.)

Hannover.

Hahn'sche Hofbuchhandlung.

1863.

Mehrfach aufgefordert, eine Uebersicht der hier cultivirten officinellen Gewächse nebst Angabe ihrer Etiquettirung zu veröffentlichen, komme ich diesem Wunsche nach, indem ich nachstehend ein Verzeichniss zwar nicht aller hier vorhandenen officinellen Pflanzen, sondern nur derjenigen liefere, deren Gegenwart in botanischen Gärten zu Unterrichtszwecken für Studirende der Medicin und Pharmacie, wie zur Fortbildung pharmakologischer Studien für wünschenswerth zu erachten ist. Ich habe versucht die Mittelstrasse zu halten, nicht zu viel und zu wenig auszuwählen, hierbei nicht bloss alle Pharmakopöen Europas, sondern auch die mir als vieljährigem Docenten der Arzneimittellehre bekannte pharmakologische Literatur, so wie eigene praktische pharmaceutisch - und medicinische Erfahrungen zu Rathe gezogen, die einen ziemlich langen Zeitraum umfassen. Einer besondern Beachtung empfehle ich die von mir bereits vor fast 10 Jahren zuerst in botanischen Gärten eingeführte Bezeichnungsweise, die sich auf die Familie, das Vaterland gelegentlich selbst auf die Synonymie und bei officinellen Gewächsen auch auf Angabe des Productes in der vulgären und in der dem heutigen Standpuncte der Wissenschaft entsprechenden Weise erstreckt, wodurch

1*

dem Studium meinen Erfahrungen zufolge gewiss ein
erspriessliches Hülfsmittel geboten wird. Ich meine hier
besonders die älteren der botanischen Organographie oft
wahrhaft hohnsprechenden, aus vergangenen Jahrhunder-
ten stammenden Namen so vieler pflanzlicher Arznei-
mittel, wie z. B. die der verschiedenen Fruchtarten und
deren Theile, deren Abschaffung dringend nothwendig
erscheint, namentlich mit Hinblick auf die andere Hülfs-
wissenschaft der Pharmakologie, auf die Chemie, welche
ja auch ihre veraltete Nomenclatur längst schon über
Bord geworfen hat. Die nachfolgenden tabellarischen
Uebersichten umfassen also alles, was auf den Etiquetten bei uns geschrieben wird. 1) Die natürliche Ordnung und Familie. 2) Der systematische Name mit
dem Autor der Species. 3) Der der botanischen Organographie entsprechende, so wie der ältere oder
vulgäre Name des officinellen Theiles oder Productes.
4) Das Vaterland, bei welchem man sich freilich
wegen Mangels an Raum auf die allgemeinsten Angaben
beschränken musste. Die Etiquetten selbst sind vier-
eckig $3\frac{1}{2}$ Zoll lang und breit, bisher von Zink mit
weissem Firnissüberzug und schwarzer Schrift, befestigt
mit Zinknägeln, ja nicht durch eiserne Nägel auf 1 Fuss
hoch aus der Erde ragenden Pfählen, sollen aber jetzt
durch porcellanene ersetzt werden, auf welches Material
man doch immer bei Etiquetten von unzweifelhaft länge-
rer Geltung als das dauerhafteste zurückkommt, wie
hier bei den officinellen Gewächsen anzunehmen ist.

Wenn auch die erste Anschaffung etwas kostspielig
erscheint, so gleicht sich dies doch bald aus, da sich
Zinketiquetten der obigen Art im Freien nicht länger
als 5—6 Jahre in gutem Zustande erhalten.

Nachdem ich noch im vorigen Jahre auch die aus-
ländischen eigends pharmaceutisch - medicinischen Zwecken gewidmeten Gärten in London und Paris gesehen
habe, darf ich wohl sagen, dass unsere Sammlung als
die vollständigste anzusehen ist, und sich nur noch wenige

Arten anderswo finden dürften, die wir entbehrten. Die Anschaffung ist jetzt auch leichter als vor 10 Jahren. Seitdem ich auf die Nothwendigkeit einer grösseren Beachtung dieser Richtung hingewiesen, hat auch der Pflanzenhandel darauf Rücksicht genommen und alljährlich werden neue Pflanzen eingeführt, die interessante Droguen liefern.

In Deutschland ist zunächst die Gärtnerei des Herrn D. Geitner in Planitz bei Zwickau, die unter Benutzung meiner vor ein paar Jahren erschienenen. Schrift: Die officinellen und technisch wichtigen Gewächse unserer Gärten. Görlitz bei Remer 1858*), eine grosse Anzahl officineller Gewächse aller Culturen unter besonderer Rubrik aufführt, welchem Beispiel in neuester Zeit auch einige Gärtnereien in Erfurt gefolgt sind. Das reichste Arboretum und Fruticetum Europas, das der Königlichen Landesbaumschule in Potsdam unter der Leitung des Herrn Generaldirector Dr. Lenné, enthält auch unter andern viele officinelle Bäume und Sträucher, wie das grösste Palmetum unserer Zeit das des Herrn Ober-Landesgerichtsrathes Augustin ebendaselbst offinelle Palmen, Farn und Scitamineen, das Booth's Etablissement in Flottbeck bei Hamburg, Bäume und Sträucher, eben so das nach unserem Vorgange mit Rücksicht auf Pflanzengeographie eingerichtete überaus reiche Arboretum von Petzold in Muskau; die an officinellen und technisch wichtigen Pflanzen so reiche, auch bei uns stark vertretene Japanische Flora besitzt das v. Sieboldsche Etablissement in Leyden, mehrere tropische James Veitch in London, Vilmorin Andrieux in Paris, Groonewegen in Amsterdam, van Houtte und Am-

---

*) Anderweitige über den Inhalt unseres Gartens handelnde Schriften als: Der Königl. botanische Garten der Universität Breslau von H. R. Göppert. Nebst einem Plane in Folio und einer Lithographie. 96 S. Görlitz, Heyn'sche Buchhandlung (E. Remer). Derselbe, über botanische Museen, insbesondere über das der Universität Breslau. 68 S. Görlitz. Ebendas.

6

broise Verschaffelt in Gent, Makoy in Lüttich, reich an wenig verbreiteten Gattungen, ganz besonders aber das Etablissement des Herrn Linden, Consul von Columbien in Brüssel, welches wegen der Fülle der neuen Einführungen officineller wie auch anderer exotischer Prachtgewächse als das Hauptemporium zu betrachten ist, und in dieser Hinsicht in Europa ohne Rivalen dasteht. Der Pharmakolog wird hier stets seine Rechnung finden*) und sei es hier bemerkt, da es bisher noch Niemand würdigte, auch der Paläontologe und zwar in einem der Cultur baumartigen Farn gewidmeten Hause, wo man unter dem dichten Schatten von fast 200 baumartigen Farn sich wirklich mehr als in irgend einem andern Tropenhause in die Urzeit der Steinkohlenflora zurückversetzen kann, und somit eines Anblicks geniesst, wie man sich ausserhalb der Tropen nirgends verschaffen kann.

Inzwischen fehlen auch noch eine nicht geringe Zahl von officinellen Gewächsen, von denen man sich zum Theil in der That wundern muss, dass sie bisher unbeachtet blieben, wie z. B. die Mutterpflanze der Senna-Arten. Um die Ausfüllung dieser Lücken nament-

---

*) Zu näherem Belege will ich aus dem letzt erschienenen reichen Cataloge nur einige der seltensten anführen: Areca Catechu. Antiaris toxicaria. Brosimum Galactodendron. Carapa gujanensis. Cephaëlis Ipecacuanha. Chiococca racemosa. Cinchona Calisaya, Condaminea, ovata, pubescens, succirubra. Condaminea longifolia, macrophylla. Copaifera officinalis. Croton Cascarilla. Dipterix odorata. Drymis chilensis. Elais guinensis. Garcinia Gutta. Guajacum officinale. Erythroxylon Coca, macrophyllum. Geoffroya vermifuga. Haematoxylon campechianum. Hymenaea Courbaril, stilbocarpa, Myristica moschata, Bicuiba. Myrtus Pimenta. Myroxylon frutescens. Maranta arundinacea. Quassia amara. Picaena excelsa. Piper Cubeba, longum, Betle. Simaba Cedron., Sapota Mülleri, Simaruba glauca. Swietenia Mahagony. Terminalia latifolia. Theobroma Cacao. Zingiber officinale etc., so wie auch eine grosse Anzahl tropischer Fruchtbäume.

lich durch reisende Botaniker zu veranlassen, habe ich
am Schlusse dieser Abhandlung noch das Verzeichniss
derjenigen Arten beigefügt, die in Europa sich noch
nicht im Handel befinden.

Bei Gelegenheit der hier im Jahre 1857 unter der
Leitung des Herrn Medicinalraths Dr. Bley tagenden
Versammlung des norddeutschen Apotheker-Vereins und
angeregt durch Herrn Apotheker Dr. Herzog aus Braun-
schweig ward beschlossen, neben den lebenden Arznei-
pflanzen auch die officinellen Droguen aufzustellen.
Dies ward später in den nächstfolgenden Jahren von
mir auch auf technische Producte, so wie auch auf Re-
präsentanten von Familien namentlich auf von hier nie zur
Reife kommende Früchte und dergl. ausgedehnt und
endlich in diesem Jahre so erweitert, dass wir diese
Aufstellung als ein wahres botanisches Museum nicht
mit Unrecht betrachten können, welches alles enthält
was von besagten Pflanzen zur Instruction erforderlich
ist, wie z. B. bei den einzelnen Pflanzengruppen, bei
den Proteaceen, Blüthenköpfe und Früchte vom Cap, bei
den Coniferen Blüthe und Zapfen aller Gruppen u. s. w.
neben Rinden der Laurineen, Cinchoneen ihre Früchte,
fruchttragende Zweige von *Myristica, Theobroma, Caryo-
phyllus* etc. Die Mehrzahl der Gläser ist an der hier
abgebildeten cylindrischen Form mit einem breiten cylindrischen Stöpsel oder auch mit darauf gekitteten Glas-
tafeln und darauf gelegten Stanniol geschlossen, grösstentheils mit eingeschliffenen oder auch mit rothem Firniss
geschriebenen Etiquetten versehen. In den Gewächs-
häusern stehen sie auf von Draht gefertigten leicht aus-
sehenden Etageren, im Freien, wo sie vom April bis zum
October verbleiben, meist auf Stäben der abgebildeten
Art, welche so placirt sind, dass sie leicht gesehen werden können, ohne unangenehm aufzufallen.

8

Fig. A.

Rad.Lewisiei

a

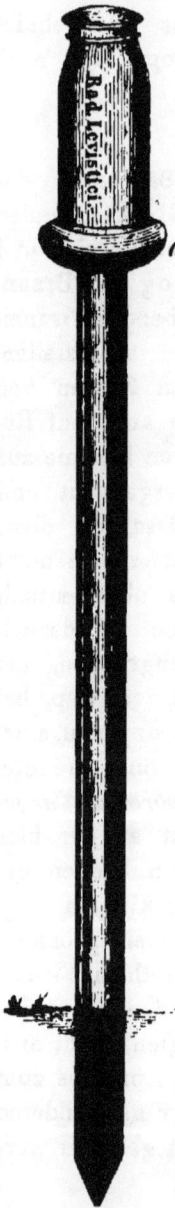

Fig. A. Pfahl, weiss angestrichen, ohne Glas, 4 Fuss hoch, etwa 1 Fuss in der Erde. *a* der obere etwas ausgedrechselte Theil, auf welchem das Glas steht, welches durch Draht darauf befestigt ist. Meine Bitte an das gesammte Publicum diese Einrichtung, welche ihrer Natur nach bei den in allen Theilen des Gartens zerstreuten Objecten eigentlich kaum beaufsichtigt werden kann, unter seinen Schutz zu nehmen, hat, bei der immerhin bedeutenden Bevölkerung von 150,000 Einwohnern die grösste Beachachtung gefunden, da ich bis jetzt während ihres nun fast 6 jährigen Bestehens keine wesentliche Beschädigungen oder Entwendungen zu beklagen habe, obschon sich hierunter die grössten Seltenheiten befinden, welche irgend ein botanisches Museum nur enthalten kann. Die Zahl sämmtlicher einzelner Aufstellungsobjecte beläuft sich in diesem Jahre bereits auf 900; davon etwa 130 in einem neu erbauten zur Aufnahme ächt tropischer Pflanzen und zur Vermehrung dienenden Warmhause von 70 Fuss Länge, 16—20 Fuss Breite und 12 Fuss Höhe, z. B. neben den falschen und ächten Chinarinden, ausser der obengenannten Cinchona-Art noch andere Cinchoneen, wie Arten von Condaminea, Portlandia, Exostemma, Hymenodictyon, Luculia, Cascarilla Mutterpflanzen falscher Chinarinden; ferner neben den Gutti-Gummiharzen ausser den officinellen noch andere durch ihre Früchte berühmte Clu

siaceae, wie Rheedia, Garcinia, Mammea u. s. w. In dem
Mittelbau des neuen grossen Gewächshauses, welches wir
ebenfalls der Munificenz des K ö n i g l. Ministeriums
verdanken, befinden sich vorzugsweise die grösseren
tropischen Gewächse, Palmen, Pandaneen, Cycadeen unter
ihnen neben Producten, Blüthen, Früchten in Gläsern,
wohl die meisten nicht bloss in medicinischer, sondern
auch in anderer Hinsicht wichtigen Arten, wie *Cocos buty-*
racea, oleracea, lapidea, Elais, Sagus Rumphii, Boras-
sus, Klopstockia, Arenga saccharifera, Astrocaryum, Al-
talea speciosa, Caryota urens, propingua, furfaracea, Eu-
terpe olracea, Mauritia flexuosa, Wallichia caryotoides,
Phytelephas macrocarpa und *microcarpa, Ceratozamia*
longifolia, mexicana, Cycas Rhumpkii, Dioon edule, En-
phalartos, Zamia Skinneri et angustissima u. s. w.

Der Mittelbau des genannten grösstentheils von Eisen
und Glas construirten Gewächshauses ist 44 Fuss lang,
40 Fuss tief und 43 Fuss hoch, jeder der beiden Flügel-
bauten, die zu Tepidarien und Frigidarien bestimmt sind,
34 Fuss lang, eben so tief, somit 28 Fuss hoch. 1700
Centner Eisen und 5500 ☐ Fuss $1/_2$ Zoll starkes Spiegel-
glas, ungefähr 18000 ☐ Zoll Scheibenglas wurden im
Ganzen dazu verwendet. Baukosten 25000 Thlr. Sämmt-
liche Culturen stehen unter der bewährten Leitung des
Königlichen Garteninspectors Herrn N e e s v. E s e n b e c k.

I. Uebersicht

der gegenwärtig in Europa allgemein oder hie und da zu medicinisch-
pharmaceutischen Zwecken benutzten ~~bei uns~~ im Freien ausdauernden
also officinellen und im hiesigen botanischen Garten vorhandenen
Gewächse.

Algae............	Sphaerococcus et	—	Europa.
	Fuc. spec.		
Fungi............	Polyporus fomenta-	Agaricus chirurgo-	„
	rius Fries.	rum.	
	— igniarius Fries.	— chirurgorum.	„
	— officinalis Fries.	— albus.	S. Europa.
Lichenes..........	Parmelia parietina	Lichen parietinus.	Europa.
	Ach.		
	Cetraria islandica L.	— islandicus.	„
Musci hepatici.....	Marchantia polymor-	Hb. Lichen v. Musci	„
	pha L.	stellat.	
— frondosi.......	Polytrichum com-	— Adianti aurei.	„
	muue L.		
Calamariae, Equise-			
taceae........	Equisetum arvens.L.	— Equiseti minor.	„
	— hyemale L.	— — major.	„
Selagines, Lycopo-			
diaceae........	Lycopodium anno-	Sporae v. sem. Ly-	„
	tinum L.	copodi.	
	— Selago L.	— v. sem. Lycopod.	„
	— clavatum L.	— v. sem. Lycopod.	„
Filices, Polypodiaceae	Aspidium Filix mas	Rhiz. v. rad. Filic.	„
	Sw.	maris.	
	Polypodium vul-	— — Polypodii.	„
	gare L.		
	— crassifolium L.	— — Calagualae.	Westindien.
	Scolopeudrium offi-	Hb. Scolopendrii.	M. u. S. Europa
	cinale L.		
	Asplenium Tricho-	Froudes v. Hb. Tri-	Europa.
	manis L.	chomanis.	
	— Filix femina	—	„
	Bernh.		
	— Ruta muraria L.	Hb. Rutae murar.	„
	Adiantum Capillus	— Capill. veneris.	S. Europa.
	veueris L.		
	— pedatum L.	— Adianti americ.	N. America.

Filices, *Polypodiaceae*	Ceterach officin. W.	Hb. Ceterach.	S. u. M. Europa.
— *Osmundaceae* ...	Osmunda regalis L.	Frondes herb. et Juli osmundae.	M. Europa.
— *Ophioglosseae* ...	Ophioglossum vulgatum L.	Hb. Ophioglossi.	Europa.
Glumaceae, *Gramineae*	Botrychium Lunaria L.	-- Lunariae.	"
	Triticum repens L.	Rhiz. v. rad. Gram. albi.	"
	— vulgare Vill.	Sem. Tritici. Weizen.	Vaterland unbekannt.
	Hordeum vulgare L.	— Hordei. Gerste.	"
	Secale cereale L.	— Secalis. Roggen.	"
	Avena sativa L.	— Avenae. Hafer.	"
	Oryza sativa L.	— Oryzae. Reis.	Ostindien.
	Andropogon Schönanthus L.	Hb. Nardi indici et rad. Iwaracunsae.	"
	Panicum miliaceum L.	Hirse.	Asien.
	Saccharum officinarum L.	Saccharum.	Ostindien.
	— violaceum L.	Saccharum.	Westindien.
— *Cyperaceae*	Carex arenaria L.	(Rhiz. v. rad. Caric. aren.	Europa.
	— hirta L.		
— *Cyperoideae*	Cyperus longus L.	Rad. Cyperi longi.	S. Europa.
	— rotundus L.	— Cyperi rotundi.	S. Europa u. N. Africa.
	— esculentus.	Erdmandel.	" "
	- Papyrus L.	Papierstaude.	" "
Coronariae, *Colchiaceae*	Colchicum autumnale L.	Bulb.etsem.Colchic. autumnal.	Europa.
	— variegatum L.	— (rad.) Hermodactyli.	S. Europa.
— *Liliaceae*	Lilium candidum L.	— et flor. Lilior. albor.	Asien.
	— Martagon L.	— et flor. Martagon. s. Asphodeli aurei.	Europa.
	Allium Schönopras. L.	Hb. Schönopras.	M. Europa.
	— Cepa L.	Bulb. (rad.) Allii cepae.	Vaterland unbekannt.
	— ursinum L.	Hb. Allii latifol.	Europa.

Coronariae, *Liliaceae*	Allium ascalonicum L.	Bulb. (rad.) Allii ascalonic.	Klein - Asien.
	— Porrum L.	— et sem. Porri.	S. Europa.
	— sativum L.	— Allii sativ.	Vaterl. unbek.
	— fistulosum L.	— Cepae oblong.	„ „
	— Moly L.	— Moly lutei.	S. Europa.
	— Victorialis L.	— Victorial. long.	Europa.
	Aloe spicata L.		
	— mitraeform.Lam.		
	— ferox Lam.	⎰Aloe capensis.	Cap bon. sp.
	— Lingua L.	⎱	
	— plicatilis L.		
	— arborescens Mill.		
	— soccotrina L.	— soccotrina.	Soccotora.
	— barbadensis Mill.	— hepatica.	Westindien.
	Anthericum Liliago L.	Flor. et sem. Phalang. non ramosi.	Europa.
	— ramosum L.	Fl. et sem.Ph.ramosi.	„
	Asphodelus luteus L.	Bulb. (rad.) Asphodal. lutei.	S. Europa.
	— ramosus L.	— (rad.) Asph. ramosi.	„
	Scilla maritima L.	— v. rad. Scillae.	„
— *Xanthorrhoeae*..	Xanthorrboea hastilis R. Br.	Von X. arborea Resina lutea Novi Belgii.	Neuholland.
— *Asparagineae*...	Asparagus officinalis L.	Rhiz.(rad.)Asparag.	M. u. S. Europa.
	Dracaena Draco L.	Sanguis Draconis.	Canar. Inseln.
— *Smilaceae*......	Convallaria majalis L.	Flor. Convall. s. Lilior. convall.	Europa.
	Ruscus aculeatus L.	Rad. Rusci.	S. Europa.
	Polygonatum anceps Mönch.	Rhiz. s. rad. Sigilli Salomonis.	Europa.
	Smilax China L.	Rhiz. s. rad. Chinae.	China.
	— Pseudo-China L.	Rh. s.r. Ch. occident.	Virg. u. Jamaica.
	— Sarsaparilla L.	Rad. Sarsaparill.	N. America.
	— aspera L.	— Sars. italic.	S. Europa.
Artorrhizae, *Dioscoreae*	Dioscorea sativa L.	Yamswurzel.	Trop. America.
	— bulbifera L.	Yamswurzel.	Ostindien.
	— BatatasDecaisne.	Yamswurzel.	China, Japan.

13

Ensatae, *Irideae*...	Iris florentina L.	Rhiz. s. rad. Irid. florent.	S. Europa.
	— pallida Lam.	— s.rad.Irid.florent.	„
	— germanica L.	Rad. Irid. nostrat.	Europa.
	Gladiolus commu- nis L.	Bulb. s. rad. Victo- rial. rotund.	„
	Crocus sativus L.	Stigmata Croci s. Crocus.	Asien.
— *Amaryllideae*...	Narcissus poëticus L.	Bulb. emeticus.	S. Europa.
	— Pseudo-Narcis- sus L.	— et flor. emetic.	S. u. M. Europa.
	Agave americana L.	Rad. Agavae.	Mexico.
	Haemanthus toxica- rius L.	Zwiebel zu Pfeil- gift.	Vorgeb. d. guten Hoffnung.
Gynandrae,*Orchideae*	Platanthera bifolia Rich.	Rad. Satyrii albi.	Europa.
	Orchis Morio L.	Tubera v. rad.Salep.	„
	— mascula L.	— v. rad. Salep.	„
	Vanilla plantifolia Andr.	Fruct.Vanigl.mexic.	Mexico.
	— aromatica Sw.	— — brasil.	Brasilien.
	— gujanensis.	— — gujanensis.	Gujana, Mexico.
Scitamineae,*Zingibe- raceae*........	Zingiber officinale Rosc.	Rhiz. s.rad.Zingiber.	Ostindien.
	Curcuma longa L.	— — Curcumae.	„
	— Zedoaria L.	— — Zedoariae.	„
	— Zerumbet Rosc.	— — — longae.	„
	Ammomum Carda- momum L.	Fruct. Cardamom. rotund.	„
	— granaParadisii L.	Grana Paradisii.	„
	— aromaticum Roxb.	Fruct. Cardamom. long.	„
	Costus arabicus L.		Arabien.
— *Marantaceae*...	Maranta arundina- cea L.	Amylum Marant.	Westindien.
Spadicif lorae, *Aroi- deae*........	Arum maculatum L.	Rad. Ari.	Europa.
	— Dracunculus L.	— Dracuncul.major.	S. Europa.
	Dieffenbachia Se- guina Schott.	Wurzel homöopath. Arznei.	Westindien.
	Acorus Calamus L.	Rhiz. s. rad. Calam. aromat.	Orient.

Principes, *Palmae*...	Phoenix dactylifera L.	Fruct. Dactyli.	Africa.
	Areca Catechu L.	Catechu.	Ostindien.
	Calamus Draco L.	Sanguis Draconis.	„
	Sagus Rumphii W.	Sago.	„
	Elais guinensis Jacq.	Ol. Palmae.	M. Africa.
	Cocos nucifera L.	— Cocis.	Tropen.
Gymnospermae, *Cycadeae*	Cycas revoluta Thunbg.	Sago.	Japan.
	— revol. β inermis.	Sago,	Cochinchina.
	— circinalis L.	Sago.	Ostindien.
Coniferae, *Cupressineae*	Juniperus communis L.	Lign. et fruct. v. bacc. Juniperi.	N. Europa.
	— Sabina L.	Ramuli et folia v. herb. Sabin.	S. Europa.
	— Oxycedrus L.	Fruct. Juniperi.	„
	Cupressus sempervirens L.	— v. nuces Cypress.	Orient.
	Callitris quadrivalvis Vent.	Resina Sandarac.	N. Africa.
	Thuja occidental. L.	Summitates Arbor. vitae.	N. America.
— *Abietineae*	Pinus sylvestris L.	Turiones,Terebinth. commun.	N. u. M. Europa.
	— Pinaster L.	Terebinth. burdigal.	S. Europa.
	Larix europaea DC.	— veneta.	M. u. S. Europa.
	Picea vulgaris Link.	—	Europa.
	Abies pectinata DC.	— argentoratensis.	„
	— balsamea Link.	Bals. canadense.	N. America.
	— canadensis L.	— canadense.	„
	CedrusLibaniBarrel	Fruct. Cedri.	Libanon.
	Dammara australis Don.	Resina Dammarae.	Neu-Seeland.
	— orientalis Don. Noch vorhanden: D. alba, obtusa, Brownii.	— — indic.	Ostindien, Sunda-Inseln.
— *Taxineae*	Taxus baccata L.	Cort. f. et bacc. Taxi.	M. Europa.
Piperitae, *Piperaceae*	Piper nigrum L.	Fruct. Piper. nigr. et albi.	Molukken, Ostindien.
	Chavica officinarum Miq.	— — longi.	Molukken.

Piperitae, *Piperaceae*	Chavica Roxburghii Miq.	Fruct. Piper. longi.	**Bengalen.**
	— Betle Miq.	Folia Betle.	Ostindien.
	Potomorphe umbellata Miq.	Rad. Periparobo.	Brasilien.
	Enckea reticulata Miq.	— Jaborundi,	Martinique.
	Cubeba officin. Miq.	Fruct. Cubebae.	Java.
	Arthante elongata Miq.	Folia Matico.	Peru.
Juliflorae, *Balsamifluae*	Liquidambar styraciflua L.	—	N. America.
	— imberbe Ait.	Ambra liquida.	M. Asien.
— *Myriceae*	Myrica cerifera L.	Cera.	N. America.
— *Cupuliferae*.....	Quercus Robur W.	Cort. et fruct. Querc.	Europa.
	— pedunculata W.	— — Querc.	„
	— Suber L.	Suber.	S. Europa.
	— infectoria Oliv.	Gallae turcicae.	Kleinasien.
	— coccifera L.	Coccus Ilicis.	S. Europa.
	— Cerris L.	Gallae austriac. et italicae.	„
	— Aegilops L.	Fruct. et gland. hispan.	„
— *Ulmaceae*	Ulmus campestris L.	Cort. Ulmi interior.	Europa.
	— effusa W.	— Ulmi interior.	„
— *Salicineae*	Salix pentandra L.	— Salic. laureae.	„
	Populus nigra L.	Turiones Populi.	„
— *Urticeae*	Parietaria officinalis L.	Hb. Parietariae.	„
	Urtica dioica L.	— Urtic. major.	„
	— urens L.	— — minor.	„
— *Moreae*	Dorstenia Contrajerva L.	Rad. Contrajervae.	Ostindien.
	Ficus elastica L.	Resina elastica.	„
	— infectoria W.	— Laccae.	„
	— religiosa L.	— Laccae.	„
	— Carica L.	Fruct. Caricae.	S. Europa.
— *Artocarpeae*	Antiaris toxicaria Leschen.	Upasgift.	Java.
	— saccidora L.	Sackbaum.	„
	Artocarpus incisa Forst.	Brotbaum.	Oceanien.

Juliflorae, Artocarpeae	Galactodendron utile Humb.	Milch- oder Kuhbaum.	Central - America.
	Castiloa elastica.	Caoutchouc liefernd	In Costarica.
	Cecropia peltata L.	Caoutchouc liefernd	Brasilien.
	— concolor W.	Caoutchouc liefernd	"
— Cannabineae ...	Cannabis sativa L.	Sem. Cannabis.	Persien.
	Humulus Lupulus L.	Glandul. v. Strobili Lupuli.	M. u. S. Europa.
Oleraceae, Chenopodiaceae	Boussingaultia baselloides Humb. et Bonpl. (Nach Koch B. cordif.)	Rad. esculênta.	Quito.
	Spinacia oleracea L.	Hb. Spinaciae.	Orient.
	Beta vulgaris L.	Sacchar. Betae.	S. Europa.
	Chenopodium ambrosioides L.	Hb. Chenopod. ambros.	Mexico.
	— Botrys L.	— Botrys.	M. Europa.
	Salsola Kali L. (S. Tragus.)	— Salsolae.	Europa, Asien, America.
— Polygoneae	Rheum australe Don.	Rad. Rhei indic.	Nepal.
	— Rhaponticum L.	— Rhei rhapont. v. anglic.	Sibirien, Mongol.
	— palmatum L.	— — gallic.	Alpen, Centr.-As.
	— hybridum Mur.	— — gallic.	" "
	Polygonum Bistorta L.	Rhiz. s. rad. Bistort.	Europa.
	— aviculare L.	Hb. Centumnodii.	"
	— Fagopyrum L.	Buchweizen.	M. Asien.
	Rumex obtusifol. L.	Rad. Lapath. acut.	Europa.
	— crispus L.	— Lapath. acut.	"
	— Acetosa L.	Hb. Acetosae.	"
	— conglomeratus Murr.	Rad. Lapath. acut.	"
	— sanguineus L.	— Lapath. acut.	"
	— alpinus L.	— Rhei monachor.	"
	Coccoloba uvifera L.	Kino occidentale s. american.	Westindien, S. America.
Thymelaeae, Monimiaceae	Laurelia aromatica Juss.	Aromat.	Chili.
— Laurineae	Camphora officinarum N. ab E.	Camphora.	China, Japan.

Thymelaceae, *Laurineae*	Cinnamomum eucalyptoides N. ab E.	Fol. Malabathri.	Sunda-Inseln.
	— Burmanni Bl.	Cort. Massoy.	Java.
	— zeylanic. N. ab E.	— Cinnamom. acut.	Ceylon.
	— Cassia N. ab E.	— Cassiae cinnam.	Java.
	— Culilawan Bl.	— Culilawan.	„
	— dulce N. ab E.	Flor. Cassiae.	„
	— javanicum Bl.	Cort. Sintoc.	„
	— aromatic. N.abE.	— Cassiae ligneae.	„
	Laurus nobilis L.	Fruct. et fol. Lauri.	
	Sassafras officinarum N. ab E.	Cort. lign. et rad. Sassafras.	N. America.
	Agathophyllum aromaticum W.	Nuces caryophyllat.	Madagascar.
— *Santaleae*	Santalum album L.	Lign. Santal. albi et citrin.	Ostindien.
— *Daphnoideae*	DaphneMezereumL.	Cort. Mezerei.	Europa, Asien.
	— Laureola L.	Fruct. Coccognidii.	S. Europa.
— *Penaeaceae*	Penaea mucronata L.	Gummi Sarcocoll.	Vorgeb. d. guten Hoffnung.
Serpentariae, *Aristolochieae*	Aristolochia Clematis L.	Rad. Aristoloch. vulg.	M. Europa.
	— longa L.	— — longae.	S. Europa.
	— rotunda L.	— — rotundae.	„
	Asarum europ. L.	— Asari.	Europa.
	— canadense L.	— — canadens.	N. America.
Plumbagines, *Plantagineae*	Plantago major L.	Fol. Plantag. major.	Europa.
	— Psyllium L.	Sem. Psylii.	S. Europa.
	— arenaria L.	— Psylii.	Europa.
	— Cynops L.	— Psylii.	S. Europa.
— *Plumbagineae*	Statice Armeria L.	Rad. et herb. Armer. v. Junci floridi.	Europa.
	— Limonium L.	— Limonii s. rad. Behen. rubr.	S. Europa.
Aggregatae, *Valerianeae*	Valeriana celtica L.	— Nardi celtic.	Alp. Europa.
	— tuberosa L.	— — montan.	M. Europa.
	— Phu L.	Rhiz.s.rad.Valerian. major.	Europa.
	— officinalis L.	— s. rad. Val. major.	„
— *Dipsaceae*	Scabiosa arvensis L.	Fol. v. herb. Scabios.	„
	— Succisa L.	Rad. Morsus Diaboli.	„

18

Aggregatae, *Dipsa-* ceae...........	Dipsacus Fullo- num L.	Planta sativa.	Europa.
— *Compositae, Tu-* *biflorae*........	Tussilago Petasites L. (Petasites of- ficinar.)	Folia Petasitidis.	„
	— Farfara L.	— Farfarae.	„
	Mikania Guaco Humb.	Caules et herb. Guaco.	Brasilien.
	SolidagoVirgaureaL.	Hb. Virgaureae.	Europa.
	Bellis perennis L.	Flor. Bellidis.	„
	Chrysocoma Lino- syris L.	Hb. et flor. Linar. aureae.	„
	Inula Helenium L.	Rad. Enulae.	„
	Matricaria inodoraL.		„
	— Chamomilla L.	Flor. Chamom. vulg.	„
	Anthemis tincto- ria L.	— et herb. Buph- thalm.	„
	— Pyrethrum L.	Rad.Pyrethr.roman.	S.Europa.
	— nobilis L.	Flor.chamom.roman.	„
	— Cotula L.	— — foetidae.	Europa.
	— arvensis L.	— — spuriae.	„
	Anacyclus Pyre- thrum L.	Rad. Pyrethr. germ.	S.Europa.
	Achillea PtarmicaL.	Rhiz.v.rad.Ptarmic.	Europa.
	— Millefolium L.	Hb. et flor. Millefol.	„
	— — magna.	— — Millefol.	„
	— nobilis L.	— — — nobilis.	M. u. S. Europ
	Spilanthes alba ole- racea L.	— acris sialogoga.	Brasilien.
	— Acmella L.	— acris scalogoga.	„
	Pyrethrum Balsa- mita D.	Hb. Balsamitae.	M. Asien.
	— Parthenium L.	— et flor. Matricar.	Europa.
	— roseum M. B.	Insektenwidrig.	Persien.
	Artemisia vulgarisL.	Rad. Artemis. vulg.	Europa.
	— Absinthium L.	Hb. Absinthii.	„
	— Abrotanum L.	— Abrotani.	Asien.
	— Dracunculus L.	— Dracunculi.	S.Europa.
	— judaica L.	Flor. Cynae.	Orient.
	— austriaca L.	— (sem.) Cyn.austr.	Europa.
	— maritima L.	Hb. Anthelminth.	„

Aggregatae, *Compositae, Tubiflorae*..	Artemisia glacialis L.	Hb. Genipi albi.	Europa.
	— Mutellina L.	— — albi.	„
	— spicata Jacq.	— — nigri.	„
	Tanacetum vulgare L.	— et flor. Tanacet.	„
	— crispum L.	— — Tanacet.	„
	Helichrysum arenarium DC.	Flor. Stöchad. citrin.	„
	Calendula officin. L.	— Calendulae.	„
	Arnica montana L.	Rad. fol. et fl. Arnic.	„
	Lappa major Gärtn.	— Bardanae.	„
	— tomentosa All.	— Bardanae.	„
	— minor DC.	— Bardanae.	„
	Centaurea CyanusL.	Flor. Cyani.	„
	Carduus marianus L.	Sem. Card. Mariae.	„
	Carlina acaulis L.	Rad. Carlinae.	„
	Cnicus benedictus Gärtn.	Hb. Card. bened.	S. Europa, Asien.
— *Compositae, Liguliflorae*	Serratula tinctoriaL.	— Serratul. tinctor.	Europa.
	Taraxacum Dens Leonis L.	Rad. herb. et flor. Taraxaci.	„
	Cichorium Intybus L.	— Cichorei.	„
	Lactuca virosa L.	Fol. Lactuc. viros.	„
	— scariola L.	— — viros.	„
Campanulinae, *Lobeliaceae*	— sativa L.	Lactucarium.	„
	Lobelia syphiliticaL.	Hb. antesyphilitic.	N. America.
Caprifoliaceae,*Rubiaceae*	— inflata L.	— Lobel. inflat.	„
	Rubia tinctorum L.	Rad. Rubiae tinctor.	S. Europa.
	Asperula tinctoria L.	Hb. Asperul. tinct.	Europa.
	— odorata L.	— Matrisylvae.	„
	Galium verum L.	Galii lutei.	„
	Richardsonia scabra L.	Rad. Ipecacuanh. albae.	Brasilien.
	Cephaëlis Ipecacuanha L.	— Ipecacuanh. gryseae.	„
	Coffea arabica L.	Sem. Coffeae.	Abyssinien.
	Cinchona Calisaya Wedd.	Cort. Chinae reg.	Peru.
	— Condaminea Lamb.	Cort. Chin. de Loxa?	„

2*

20

Caprifoliaceae, *Ru-biaceae*........	Cinchona lancifolia R. et P.	Cort. Cinchon. fusc.	Peru.
	— pubescens Vahl.	— Chinae reg.?	„
	— succirubr. Wedd.	— — rubr.	„
	— tujucensis Karst.	— — Maracaibo.	Venezuela.
	— micrantha R. et P.	— — Huanaco.	Peru.
	— macrantha Ht. Belg.	— Chinae.	„
	— nitida R. et Pav.		
	Condaminea corym-bosa DC.	Cort. antefebrilis.	„
	— macrophylla Lind.	— antefebrilis.	Neu-Granada.
	Exostemma flori-bundum R. et Sch.	— Chin. St. Luciae.	Ostindien.
	Portlandia grandi-flora L.	— — novae.	Westindien.
	Hymenodictyon thyrsiflorum Wall.	— antefebrilis.	Ostindien.
	Luculia Pinceana L.	Cort. Chin. nepalens.	Ostindien.
	Chiococca racemosa Jacq. *).	Rad. Caincae.	Westindien.
	Psychotria undu-lata Jacq.	— emetica.	Bahama-Inseln.
— *Lonicereae*.....	Sambucus Ebulus L.	Bacc. Ebuli.	Europa.
	— nigra L.	Flor. Sambuci.	„
	Linnaea borealis Gron.	Hb. diaphoretica.	Europa, Asien.
Contortae, *Apocyneae*	Vinca minor L.	— Peruincae.	S. Europa.
	Cerbera Tanghin Roxb.	Giftpflanze.	Madagascar.
	Ophioxylon serpen-tinum L.	Gegen Schlangen-biss.	Ostindien.
— *Jasmineae*.....	Jasminum offici-nale L.	Flor. Jasmini.	M. Asien.
— *Oleaceae*.....	Olea europaea L.	Fruct. Oleae (Ol. Provinciale).	S. Europa.
	Fraxinus Ornus L.	Manna calabrina.	„
	— rotundifolia L.	— calabrina.	„

*) *Cinchona alba* mancher Handelsgärten nichts anderes als *Chiococca ra-cemosa*.

Contortae, *Loganieae*	Strychnos Nux vo- mica L.	Sem. v. Nuces vomic. et Cort. Angust. spur.	Ostindien. Sunda-Inseln.
	— Tieuté Leschen.	Pohon Upas: Gift- baum.	Java.
— *Asclepiadeae* ...	Cynanchum Vince- toxicum L.	Rad. Vincetoxici.	Europa.
	— monspeliacum L.	Scammon. gallic.	S. Europa.
— *Gentianeae*	Gentiana lutea L.	Rad. Gentian. lut.	Europa.
	— purpurea L.	— — purpur.	„
	— punctata L.	— — punctat.	„
	— cruciata L.	— — cruciat.	„
	— asclepiadea L.	— — nostratis.	„
	— Pneumonan- the L.	— et flor. Pneumon. s. Antirrh. coerul.	„
	Erythraea Centau- rium Pers.	Hb. et Flor. Centaur. minor.	„
	Menyanthes trifo- liata L.	— Trifol. fibrin.	„
	Spigelia Anthel- mia L.	— Spigeliae.	Westindien,Süd- America.
	— marylandica L.	— Spigeliae.	Verein. Staaten.
Nuculiferae, *Labiatae*	Lavandula Spica L.		
	α latifolia.	Flor. Lav. latifol.	S. Europa.
	β angustifolia.	— Lav. angustifol.	„
	— Stoechas L.	— Stoechad. arabic.	„
	Ocimum basili- cum L.	Hb. Basilici.	Ostindien.
	Mentha viridis L.	— Menth. virid.	Europa.
	— Pulegium L.	— Pulegii.	„
	— sylvestris L.	— Menth. sylvestr.	„
	— gibraltarica W.	— medica Hispan.	Spanien.
	— cervina L.	— Menth. cervin.	S. Europa.
	— crispa L.	— — crisp.	Europa.
	— piperita L.	— — piperit.	England.
	Rosmarinus offici- nalis L.	— et flor. Rosmarin.	S. Europa.
	Salvia officinalis L.	— Salviae.	„
	Monarda didyma L.	— Monardae.	N. America.
	Origanum vulgare L.	— Origan. vulg.	Europa.
	— smyrnaeum L.	— — cretici.	S. Europa.
	— hirtum Link.	— — cretici.	„
	— Majorana L.	— Majoranae.	M. Asien und N. Africa.

Nuculiferae, *Labiatae*	Satureja hortensis L.	Hb. Saturejae.	S. Europa.
	Thymus Serpyllum L.	— Serpylli.	Europa.
	— angustifolius Pers.	— Serpylli.	„
	— vulgaris L.	— Thymi.	S. Europa.
	Melissa officinalis L.	— Meliss. citrat.	„
	Prunella vulgaris L.	— Prunellae.	Europa.
	Scutellaria lateriflora L.	— Scutell. lateriflor.	N. America.
	Nepeta Cataria L.	— Meliss. sylvestr.	Europa.
	Glechoma hederacea L.	— Heder. terrestr.	„
	Lamium album L.	Flor. Lamii albi v. Urtic. mort.	„
	Galeopsis grandiflora Roth.	— Gal. (Spec. pectoral. Lieberian).	„
	Stachys recta L.	Hb. Siderit. nostrat.	„
	Marrubium vulgare L.	— Marrubii.	„
	Betonica officinalis L.	— Betonicae.	„
	Hyssopus officin. L.	— Hyssopi.	S. Europa.
	Ballota nigra L.	— Marrubii nigri et foetidi.	Europa.
	Leonurus Cardiaca L.	— Cardiacae.	„
	Teucrium Scordium L.	— Scordii.	„
	— Marum L.	— Mari veri.	S. Europa.
— *Cordiaceae*	Cordia Myxa L.	Fruct. Myxae.	Ostindien.
	— Sebestena L.	— Sebestenae.	Westindien.
	— Boissieri DC.	Lign. Anacahuite (secnd. Bartling.) Ht. Götting.	Mexico.
— *Globularieae*	Globularia vulgaris L.	Hb. Globulariae.	Europa.
	— Alypum L.	Fol. Alypi v. Sennae gallic.	S. Europa.
— *Verbenaceae*	Verbena officinalis L.	Hb. Verbenae.	Europa.
	Vitex Agnus castus L.	Sem. Agni casti.	S. Europa, M. As.

Muoultferae, *Asperi-foliae*	Symphytum offici-nale L.	Rad.Consolid.major.	Europa,America, Neuholland.
	Anchusa officina-lis L.	— herb. et flor. Buglossi.	Europa.
	— tinctoria L.	·· Alcannae.	S. Europa.
	Cynoglossum offici-nale L.	Hb. Cynoglossi.	Europa.
	Pulmonaria offic. L.	— Pulmonariae.	„
	Lithospermum offi-cinale L.	Fruct. v. sem. Mi-lii Solis.	„
— *Solaneae*	Solanum Dulcama-ra L.	Caules et stipites Dulcamar.	„
	Datura Stramoni-um L.	Hb. et sem. Stramon.	Europa, China, M. Asien.
	Physalis Alkeken-gi L.	Fruct. (bacc.) Alke-kengi.	S. Europa.
	Capsicum annu-um L.	— Capsici.	Trop. America.
	Atropa Belladon-na L.	Rad., herb et bacc. Belladonn.	Europa.
	Hyoscyamus nigerL.	Hb. et sem. Hyosc.	„
	Mandragora offici-narum Bertol.	Rad. Mandragor.	S. Europa.
	— vernalis Bertol.	— Mandragor.	Orient.
	— microcarpa Bert.	— Mandragor.	„
	Nicotiana Taba-cum L.	Fol. Nicotian.	Virginien.
	— rustica L.	— Nicotian.	„
— *Convolvulaceae*..	Ipomoea PurgaVent.	Tubera v. rad.	
	— Jalapa L.	Jalap.	Mexico.
	Convolvulus Scam-monia L.	Scammonium halep.	Orient.
	— canariensis L.	Lign. Rhodii.	Canar. Inseln.
	— scoparius.	— Rhodii.	„
Personatae, *Scrophu-larieae*	Verbascum thapsi-forme Schrad.	Hb.et flor. Verbasci.	Europa.
	— Thapsus L.	— — Verbasci.	„
	Linaria vulgaris L.	— Linariae.	„
	— Cymbalaria Mill.	— Cymbalariae.	„
	Digitalis purpu-rea L.	— Digital. purp.	„

Personatae, *Scrophu-*			
larieae	Gratiola officina-	Hb. Gratiolae.	Europa.
	lis L.		
	Veronica Becca-	— Beccabungae.	„
	bunga L.		
	— Chamaedrys L.	— Veron. Cham.	„
	— Teucrium L.	— — latifol.	„
	— officinalis L.	— —	„
— *Acanthaceae* . . .	Acanthus mollis L.	Hb. Branc. ursin. verae.	S. Europa.
— *Bignoniaceae* . . .	Sesamum orien-	Ol. Sesami.	Asien.
	tale L.		
Petalanthae, *Primu-*			
laceae	Primula veris L.	Flor. Primul. veris.	Europa.
	— elatior L.	— Primul veris.	„
	Cyclamen europae-	Rad. v. rhiz. Artha-	S. u. M. Europa.
	um L.	nitae.	
	Anagallis arvens. L.	Hb. Anagallidis.	Europa.
— *Myrsineae*	Myrsine africana L.	Bacc. anthelminth. Taze vocat.	S. Africa.
	Maesa picta Hochst.	Fruct. anthelminth. Saoria vocati.	Abyssinien.
— *Sapotaceae*	Isonandra Gutta	Gutta Percha.	Ostindien.
	Lindl.		
	SapotaMülleriLindl.	Gutta Percha.	Surinam.
— *Ebenaceae*	Diospyros Ebenum	Lign. Ebenum.	Ceylon, Madras.
	Retz.		
— *Styraceae*	Styrax officinale L.	Storax.	S. Europa.
Bicornes, *Ericeae* . . .	Arctostaphylos Uva	Fol. Uva Ursi.	Europa.
	Ursi W. et Grab.		
	Pyrola rotundifo-	Hb. Pyrol. rotundif.	„
	lia L.		
	— umbellata L.	— — umbellat.	„
	Ledum palustre L.	— Ledi palustr.	„
	Gaultheria procum-	Ol. Gaultheriae.	N. America.
	bens L.		
	Rhododendrum	Fol. Rhodod. Chrys.	Sibirien.
	Chrysanthum		
	Pall.		
— *Vaccinieae*	Vaccinium Vitis	Bacc. Vitis idaea.	Europa.
	idaea L.		
	— Myrtillus L.	— Myrtilli.	„

Discanthae, *Umbelli-*			
ferae..........	Sanicula europaeaL.	Hb. Saniculae.	Europa.
	Astrantia major L.	Rad. Astrantiae.	„
	Cicuta virosa L.	Hb. Cicut. viros.	„
-	Apium graveolens L.	Rad. et fruct. Apii graveolent.	S. Europa.
	Petroselinum sati- vum Hoffm.	— herb. et fruct. Petroselini.	„
	Carum Carvi L.	Fruct. v. sem. Carvi.	Europa.
	Cuminum Cymi- num L.	— — Cumini.	S. Europa.
	Pimpinella Saxifra- ga L.	Rad. Pimpinell.	Europa.
	— magna L.	— — magnae.	„
	— nigra W.	— -- nigrae.	„
	— Anisum L.	Fruct. (sem.) Anisi vulgaris.	Asien, Aegypten.
	Oenanthe Phellan- drium L.	— (sem.) Phelland.	Europa.
	Foeniculum vulgare Gärtn.	Rad. fruct. (sem.). Foenicul. vulgar.	S. Europa.
	— dulce Rauh.	Fruct. (sem.) Foeni- cul. dulcis.	Europa.
	Anthriscus Cerefo- lium L.	Hb. Cerefolii.	„
	— sylvestris Hoffm.	— Chaerophyll. syl- vestris.	„
	Seseli gumnifer. Sm.	— gummi - resinosa.	S. Europa.
	Silaus pratensis Bess.	Rad. Peucedani.	Europa.
	Meum athamanti- cum Jacq.	— Mei.	„
	Levisticum offici- nale Koch.	— Levistici.	S. Europa.
	Archangelica offici- nale Hoffm.	— Angelicae.	Europa.
	Angelica sylves- tris L.	— — sylvestr.	„
	Opopanax Chironi- um Koch.	Gummi-resina Opop.	S. Europa.
	Ferula Asa foeti- da L.	— Asa foetida.	Persicn.
	— persica W.	— Sagapenum.	„

Discanthae, *Umbelliferae*	Peucedanum officinale L.	Rad. Foenic. porcin.	M. u. S. Europa.
	— Oreoselinum Mönoh.	Hb. Oreoselini.	Europa.
	Imperatoria Ostruthium L.	Rad. Imperator.	„
	Pastinaca sativa L.	— Pastinac. sativ.	„
	Heracleum Spondylicum L.	Fol. s. herb. Branc. ursin.	„
	Laserpitium latifolium L.	Rad. Gentian. alb.	„
	Daucus Carota L. sylvestris.	— et fruct. (sem.) Dauci.	M. Europa.
	— Carota culta.	— et fruct. (sem.) Dauci.	„
	Myrrhis odorata Scop.	—	
	Conium Arracacha Hook.	— esculenta.	Peru.
	— maculatum L.	Hb. et fruct. (sem.) Conii maculat.	Europa.
	Coriandrum sativum L.	Fruct. (sem.) Coriandri.	Asien.
— *Araliaceae*	Hedera Helix L.	Gummi resina Hed.	Europa.
— *Ampelideae*	Vitis vinifera P.	Passulae majores.	Asien.
	— — apyrcna.	— minores.	Europa.
— *Loranthaceae* ...	Viscum album L.	Hb. Visci quercin.	„
Corniculatae, *Crassulaceae*	Sedum Telephium L.	Fol. s. herb. Telephii.	„
	— acre L.	— — acris.	„
	— sexangulare L.	— — sexangul.	„
	— Rhodiola DC.	Rad. Rhodiolae.	Europa, Asien.
	Sempervivum tectorum L.	Fol. Sempervivi.	„
— *Saxifrageae* ...	Saxifraga granulata L.	Rad. Saxif. granul.	„
— *Ribesiaceae*	Ribes rubrum L.	Bacc. Ribium.	M. Europa.
Polycarpicae, *Menispermeae*	Menispermum japonicum Thunb.	—	Japan.

Polycarpicae, *Myristiceae*	Myristica moschata L.	Sem. (nuces) arillus (flores) Myristic.	Molukken.
— *Magnoliaceae*...	— Bicuiba Mart.	Ol. Bicuibae.	Brasilien.
	Illicium anisatum L.	Fruct. (sem.) Anisi stellati.	China, Japan.
— *Ranunculaceae*..	Clematis recta L.	Hb. Clematidis.	M. Europa.
	— Vitalba L.	— Clematidis.	„
	Pulsatilla pratensis Mill.	Hb. Pulsat. nigric.	Europa.
	— vulgaris L.	— — nigric.	„
	Hepatica triloba Chaix.	— Hepaticae.	„
	Helleborus niger L.	Rad. Helleb. nigr.	M. u. S. Europa.
	— viridis L.	— — virid.	„
	Trollius europaeus L.	—	Europa.
	Actea racemosa L.	— Christoph. american.	N. America.
	— spicata L.	— Christophor.	Europa.
	Adonis vernalis L.	— Adonidis.	„
	Aquilegia vulgaris L.	Sem. Aquilegiae.	„
	Delphinium Staphysagria L.	— Staphysagr.	S. Europa.
	— Consolida L.	Flor. Consolidae.	M. Europa.
	Aconitum variegatum L.	Fol. Aconiti.	Europa.
	— Stoerkianum Rchbch.	— Aconiti.	„
	— Napellus L.	Rad. (Tubera) Aconiti.	„
	Paeonia officinal. L.	— et sem. Paeon.	
Rhoeadeae, *Papaveraceae*........	Papaver officinale Gmel.	Capsulae (capita) et sem. Papaver. Opium.	Persien.
	— somniferum Gmel.	— · — — Opium.	„
	— orientale L.	— — — — Opium.	„
	Chelidonium majus L.	Hb. Chelidonii.	Europa.
— *Fumariaceae*...	Corydalis bulbosa Pers.	Rad. Aristoloch. cavae.	„

Rhoeadeae, *Fumaria-*ceae	Fumaria officina-lis L.	Hb. Fumariae.	Europa.
— *Cruciferae*......	Cochlearia officina-lis L.	— Cochleariae.	N. Europa.
	— Armoracia L.	Rad. Armoraciae.	„
	Nasturtium officina-le R. Br.	Hb. Nasturt. aquat.	Europa.
	Brassica olcracea L.	— Brassiol.	„
	Isatis tinctoria L.	— tinctoria, Waid-dicta.	S. Europa.
	Lepidium sativum L.	— Lepidii.	„
	Sinapis nigra L.	Sem. Sinapeos.	„
	— alba L.	— Erucac.	„
— *Capparideae* ...	Capparis spinosa L.	Diureticum.	„
Parietales, *Cistineae*	Cistus creticus L.	Ladanum in massis.	„
	— ladaniferus L.	— in baculis.	„
— *Droseraceae* ...	Drosera rotuudifo-lia L.	Hb. Droserae.	Europa.
	Parnassia palu-stris L.	Flor. Cordialcs.	„
— *Violariae*......	Viola odorata L.	— Violae odorat.	Europa.
	— tricolor L.	— — tricolor.	„
— *Bixaceae*......	Bixa Orellana L.	Orellana.	Trop. America.
Peponiferae, *Cucur-*bilaceae	Bryonia alba L.	Rad. Bryoniae.	Europa.
	— dioica L.	— Bryoniae.	M. u. S. Europa
	Momordica Elate-rium L.	Fruct. Mom. s. Cu-cum. asini.	M. Asien.
	Cucumis Colocyn-this L.	— Colocynth.	S. Europa.
Opuntiae, *Cacteae*...	Cactus Opuntia L.	Coccionellae.	Mexico.
Caryophyllaceae, *Ca-*ryophylleae	Gypsophila altissi-ma L.	Rad. Saponar. hun-gar.	O. Europa.
	Dianthus Caryo-phyllus L.	Flor. Tunicae.	S. „
	Saponaria officina-lis L.	Rad. Sapon. rubr.	Europa.
	Lychnis vespcrtina Sibth.	— — albae.	„
— *Mesembrian-*themae........	Mesembrianthc-mum crystall. L.	Sodapflanze.	S. Europa.

Columniferae, *Malva-* *ceae*	Gossypium herba- ceum L.	Weisse Baumwolle.	S. Asien.
	— religiosum L.	Gelbe —	„
	Althaeaofficinalis L.	Rad. herb. et flor. Althaeae.	S. u. M. Europa u. Asien.
	— rosea L.	Hb. et flor. Malv. arbor.	Kurdistan, Pers.
	Malva Alcea L.	Flor. Alceae.	Europa.
	— sylvestris L.	— et flor. M. sylvestr.	„
	— rotundifolia L. et Wallr.	— — — rotundif.	„
	— neglecta Wallr.	— — — rotundif.	„
— *Büttneriaceae* ...	Theobroma Cacao L.	Sem. Cacao.	Trop. America.
— *Tiliaceae*	Tilia grandif. Ehrb.	Flor. Tiliae.	Europa.
	— parvifolia Ehrh.	— Tiliae.	„
— *Ternströmiaceae*	Thea chinensis Sims.	Fol. Theae.	China.
	— α viridis.	— Theae. .	„
	— β stricta.	— Theae.	„
	— γ Bohea.	— Theae.	„
	— assamica Lindl.	— Theae.	Ostindien.
	— cameloides Hort. Mack.	— Theae.	China.
— *Clusiaceae*	Garcinia Cowa Roxb.	Gummi resina Gut- ti (ordinar.).	
	— ovalifolia Roxb.	— resina Gutti.	
	Xanthochymus pic- torius Roxb.	— resina.	Ceylon.
	Hebradendron cam- bogioides Grah.	— resina Gutti cey- lonens.	„
	Canella alba Murr.	Cort. Canell. albae.	Antillen.
	Calophyllum Ma- druno Humb. et Bonpl.	Resina Tacamahac. brasil.	Brasilien.
	— Calaba Jacq.	Tacamahaca Ind. occident.	Westindien.
— *Hypericineae* ...	Hypericum perfora- tum L.	Hb. Hyperici.	Europa, Asien.
Hesperideae, *Auran-* *tiaceae*	Citrus Medica L.	Fruct. et fol. Citri.	M. Asien.
	— Aurantium dul- ce L.	Cort. fruct. fol. et flor. Aurant.	Asien.
	— Aurantium ama- rum.	— — — — Aurant.	„

Hesperideae, *Melia-ceae*	Carapa gujanensis Aubl.	Ol. Carapae.	Gujana.
— *Cedrelaceae*	Cedrela odorata L.	Cort. Cedrelac.	Trop. America.
	— febrifuga Bl.	— antefebrilis.	Java.
	Swietenia Maha-gony L.	— et lign. Mahag.	Mexico.
Acera, *Erythroxyli-neae*	Erythroxylon Coca Lam.	Fol. Cocae.	Peru.
— *Sapindaceae*	Sapindus Sapona-ria L.	Fruct. Saponar.	Trop. America.
— *Hippocastaneae*.	Aesculus Hippoca-stanum L.	Cort. et sem. Hippo-castani.	M. Asien.
Polygalinae, *Poly-galeae*.	Polygala vulgaris L.	Rad. et herb. Polyg. vulgar.	Europa.
	— comosa Schk.	— — — — vulgar.	„
	— amara L.	— — — — amar.	„
Frangulaceae, *Ilici-neae*	Ilex Aquifolium L.	Fol. et bacc. Ilicis.	M. u. N. Europa.
	— paraguariensis L.	Mate od. Paraguay-thee.	S. America.
— *Rhamneae*	Rhamnus Cathar-tica L.	Bacc. Spinae cervin.	Europa, Asien.
	— Frangula L.	Cort. Frangul. v. Alni nigrae.	„ „
	— Zizyphus L.	— Jujubae.	S. u. N. Africa.
Triococcae, *Euphor-biaceae*.	Euphorbia Lathy-ris L.	Sem.Cataput. minor.	„ „ „ „
	— officinarum L.	Resina Euphorb.	Canar. Inseln.
	— antiquorum L.	— Euphorb.	W. u. S. Africa.
	— canariensis L.	— Euphorb.	Canar. Inseln.
	Crozophora tincto-ria Adr. Juss.	Lackmus.	S. Europa.
	Mercurialis peren-nis L.	H. Cynocrambis.	Europa.
	Ricinus communis L.	Sem. Ricini.	Orient.
	Stillingia sebifera Mx.	Chinesisch. Wachs.	China,N.Americ.
	Jatropha Curcas L.	Sem. Ricini major.	Trop. America.
	Manihot utilissima Pohl.	Amylum Tapiocca.	Brasilien.

lococcae, *Euphor-biaceae*	Manihot Janipha Pohl.	Sago Tapiocca v. Mandiocca.	Brasilien.
	— Aypi Pohl.	— Tapiocca v. Mandiocca.	„
	Buxus sempervirens L.	Fol. et lign. „Buxi.	S. Europa.
	Croton Eluteria Sw.	Cort. Cascarill.	Jamaica.
rebinthaceae, *Juglandeae*	Juglans regia L.	Patamen, nuces Juglandis.	M. Asien.
— *Anacardiaceae* ..	Pistacia Lentiscus L.	Mastix.	Griech. Archipel.
	— vera L.	Fruct. v. nuces P.	S. Europa, Orient.
	Terebinthus L.	Terebinth. cypria et Gallae pistac.	S. Europa.
	Rhus caustica Hook.	Scharfätzend.	Chili, America.
	— Toxicodendron L.	Fol. Rhois Toxicod.	N. Europa.
	— radicans L.	— — Toxicod.	„
	— Osbeckii var. japon. Siebold.	Chinesisch - japanische Galläpfel.	Japan, China.
	— succedanea L.	Cera chinensis.	China.
	Anacardium occidentale L.	Fruct. Anacardii.	Antillen.
	Mangifera indica L.	Mangosfrüchte.	Ostindien.
— *Burseraceae*	Bursera gummifera Jacq.	Resina Carannae.	Antillen.
	Amyris sylvatica Jacq.	—	Ostindien.
— *Simarubeae*	Quassia amara L.	Cort. et lign. Quass.	Surinam.
	Simaruba excelsa DC.	— — — jamaic.	Jamaica.
	Simaba Cedron Planch.	Sem. antefebril.	Centr. America.
— *Xanthoxyleae* ..	Brucea ferruginea l'Herit.	—	Abyssinien.
	Fagara piperita Thunbg.	Wie Pfeffer.	Japan.
— *Diosmeae*	Diosma fragrans L.	⎫	Cap.
	Barosma crenulata Hook.	⎬ Fol. Bucco latiora.	„
	— crenata Kunze.	⎪	„
	— betularia Bartl.	⎭	„
	— serratifolia W.	— — angustiora.	„

Terebinthaceae,

Diosmeae......	Empleurum serrulatum Sol.	Fol. Bucco angustiora.	Cap.
	Dictamnus albus L.	Rad. Dictamn. alb.	S. Europa, M. As.
•	Galipea Cusparia St. Hil.	Cort. Angust. verae.	Orinoco.
	— pentandra W.	— antefebrilis.	Brasilien.
	— odoratissima Lindl.	— antefebrisis.	„
	— macrophylla St. Hil.	—	
— *Rutaceae*	Ruta graveolens L.	Hb. Rutae.	S. Europa.
	— divaricata Ten.	— Rutae.	„
	— angustifolia.	— Rutae.	„
	Peganum Harmala L.	— acris tinctor.	„
— *Zygophylleae* ...	Guajacum officinale L.	Lign. et resina Guajaci.	Westindien.
	— jamaicense Tausch.	— — — Guajaci.	„
	— arboreum DC.	— Guajac. sanct.	Westindien, Brasilien.
	— sanctum L.	— — sanctum.	— Brasilien.
Gruinales, *Geraniaceae*	Geranium Robertianum L.	Hb. Robertiani.	Europa.
	Pelargonium roseum L.	Ol. aethereum.	Cap.
— *Lineae*	Linum usitatissimum L.	Sem. Lini.	Europa.
	— catharticum L.	Hb. Lini cathart.	„
— *Oxalideae*......	Oxalis Acetosella L.	— Acetosella L.	„
Calyciflorae, *Combretaceae*	Terminalia bellerica Roxb.	Fruct. Myrobal. bell.	Ostindien.
— *Onagrariae*.....	Oenothera biennis L.	Rad. Rapunculi.	Europa.
— *Lythrariae*.....	Lawsonia alba L.	— Alcann. verae.	N. Africa, N. As.
Myrtiflorae, *Myrtaceae*..........	Myrtus communis L.	Lign. et fol. Myrti.	S. Europa.
	— Pimenta L.	Fruct. Piment.	Westindien.
	Melaleuca Leucadendron L.	Ol. Cajaputi.	Ostindien.

Myrtiflorae, _Myrta-ceae_	Caryophyllus aromaticus L.	Caryophylli.	Molukken.
	Lecythis Ollaria L.	Topffruchtbaum Sem. Sapucajae.	Columb. Brasil.
	Bertholletia excelsa H. et B.	Paranüsse.	Brasilien.
— _Granaleae_	Punica Granatum L.	Cort., rad. et flor. Granat.	M. As., N. Africa.
Rosiflorae, _Pomaceae_	Cydonia vulgaris Pers.	Fruct. Cydoniae.	M. Asien.
	Sorbus Aucuparia L.	Bacc. Sorbi.	Europa.
	Pyrus communis L.	Fruct Pyri sylvestr.	„
	— Malus L.	— Mali —	„
— _Rosaceae_	Rosa canina L.	— Cynosbati.	Europa, Asien.
	— moschata L.	Ol. Rosarum.	Orient.
	— centifolia L.	— Rosarum.	„
	— gallica L.	Flor. Rosar. rubr.	Europa.
— _Dryadeae_	Potentilla Tormentilla Schrank.	Rad. Tormentillae.	Europa, N.Asien.
	— nemoralis Nestl.	— Torment.	„ „
	— anserina L.	Hb. anserinae.	„ „
	— reptans L.	— Quinquefol.	„ „
	Geum intermedium Ehrh.	—	M. Europa.
	— urbanum L.	Rad. Caryophyllat.	Europa.
	— rivale L.	— — aquatic.	„
	Fragaria vesca L.	Fruct. Fragar.	„
	— elatior L.	— Fragar.	„
	— collina Ehrh.	— Fragar.	„
	Sanguisorba officinalis L.	Rad. Pimpinell. italic.	„
	Rubus idaeus L.	Fruct. Rubi idaei.	„
	— fruticosus R.	— — frutic.	„
	Agrimonia Eupatorium L.	Hb. Eupatorii.	„
	Alchemilla vulgaris L.	— Alchemillae.	„
	Poterium sanguisorba L.	Rad. Pimpin. maj.	„

Rosiflorae, *Dryadeae*	Spiraea Filipendu-la L.	Rad. Filipendulae.	Europa.
	— Aruncus L.	Hb. Barbae caprae.	„
	— Ulmaria L.	— Ulmariae.	„
	Gillenia trifoliata Mönch.	— Spiraeae trifol.	N. America.
— *Amygdaleae*	Amygdalus commu-nis L.		
	-- α dulcis.	Amygdal. dulces.	M. Asien.
	— β amara.	— amarae.	„
	— persica L.	Fol., flor. et sem. P.	„
	Prunus spinosa L.	Flor. Acaciae nostr.	Europa, N.Asien.
	— domestica L.	Fruct. Prunorum.	M. Asien.
	— Lauro-Cera-sus L.	Fol. Lauro-Cerasi.	M.As., S.Europa.
	— Cerasus L.	Sem. Cerasi.	M. Asien.
Leguminosae, *Papi-lionaceae*	Anthyllis vulnera-ria L.	Hb. Vulnerariae.	Europa.
	Melilotus vulgar. W.	Flor. Melilot. vulg.	„
	— Kochiana W.	— — citrin.	„
	— PetitpierreanaW.	— — citrin.	„
	— officinalis Pers.	— — citrin.	„
	Indigofera tinct. L.	Indigo.	Ostindien.
	— Anil L.	„	Trop. America.
	— argentea L.	„	Arabien, Ostind.
	Trigonella Foenum graecum L.	Sem. Foenu graec.	S.Europa.
	Astragalus Glycy-phyllus L.	Hb. dulcis.	Europa.
	— Tragacantha L.	Tragantha.	Orient.
	— creticus Lam.	„ ⎫ fehlen zur	Griechenland.
	— aristatus L.	„ ⎬ Zeit.	„
	— verus Oliv.	„ ⎭	Persien.
	Glycyrrhiza echi-nata L.	Rad. Liquirit. rossic.	S. u. O. Europa.
	— glandulosa W. et Kit.	— — rossic.	O. Europa.
	— glabra L.	— — german.	S. „
	Arachis hypogaea L.	Sem. edulia.	Trop. America.
	Phaseolus vulgaris L.	Fabae Phaseoli.	Asien.
	— coccineus Lam.	— Phaseoli.	„
	Galega officinalis L.	Hb. Galegae.	S.Europa.

Leguminosae, Papilionaceae	Dipterix odorata L.	Fabae v. sem. Tonco.	Brasilien.
	Myroxylon frutescens W.	Ein baumartiger Strauch Guatamara genannt.	Trinidad.
	Baptisia tinctoria Rchbch.	Rad. antefebrilis.	N. America.
	Ononis spinosa L.	— Ononidis.	Europa.
	— hircina Jacq.	— Ononidis.	„
	— repens L.	— Ononidis.	„
	Genista tinctoria L.	Hb. et sem. Gen.	„
	Sarothamnus vulgaris Wimmer.	Sem. Spartii scopar.	„
— Caesalpineae....	Caesalpinia echinata Lam.	Lign. Fernambuc. v. brasil. rubr.	Brasilien.
	— Sappan L.	Lign. Sappan.	Ostindien.
	Tamarindus indica L.	Fruct. Tam. (Pulp. Tam. cruda.).	„
	Haematoxylon Campechianum L.	Lign. Campechian.	Mexico.
	Hymenaea Courbaril L.	Resina Copal amer.	„
	— stilbocarpa Hayn.	— Copal. brasil.	Brasilien.
	Copaifera officiu. L.	Bals. Copaivae.	„
	Cassia fistula L.	Fruct. Cass. fistul.	Ostindien.
	— brasiliana L.	— — brasil.	Brasilien.
	Ceratonia siliqua L.	— Ceraton. v. Siliquae dulces.	N.Afric., S.Europa, M. Asien.
	Andira inermis H. et B.	Cort. Geoffroyae?	Trop. Asien.
	Guilandina Bonducella L.	Lign. nephritic. jam.	Jamaica.
— Mimoseae......	Acacia vera W.	Gummi arabicum.	Trop. Africa.
	— nilotica Dilile.	— arabicum.	„ „
	— horrida W.	— mimos. capens.	S. Africa.
	— decurrens W.	— austral.	Neuholland.
	— Sophora R. Br.	Fruct. Bablah.	„
	Prosopis juliflora DC.	Gummi mimos. Ind. occident.	Jamaica.

Anmerkung. Die officinellen Topfgewächse, welche bei uns während der wärmeren Jahreszeit vom Mai bis zum October die Aufstellung im Freien ertragen, waren früher getrennt von den perennirenden und einjährigen, sind aber nun auf einem zu diesem Zwecke neu eingerichteten Felde mit ihnen vereinigt.

II. Verzeichniss

der officinellen Gewächse, welche sich gegenwärtig noch nicht im Handel und so viel ich weiss auch noch nicht in europäischen Gärten befinden.

Acacia Catechu Wild.	Catechu.
— nilotica W.	
— Ehrenbergii N. ab E.	} G. Mimosae.
— Seyal Delil.	
— tortilis Forsk.	
Aquilaria malaceensis.	Lignum Aequilariae (?)
Alchornea latifolia Sw.	Cort. Cabarro Alcoronoque?
Alhagi maurorum Tournef.	Manna desertorum.
Alyxia aromatica Reinw.	Cort. Alyxiae.
Amomum Malagueta Roxb.	Semina s. grana Paradisii.
— maximum Roxb.	Cardamomum des Handels.
— xanthioides Wall.	
— quinense Roxb.	

Directe neue Einführungen gut bestimmter Arten von Zingiberaceen aus Ostindien erscheint sehr nothwendig. Da sie so selten blühen und der Habitus der einzelnen Arten sehr verwandt erscheint, befinden sie sich in unsern Gärten nicht in exacter Ordnung.

Anamirta Cocculus W. et Arn.	Fructus Cocculi.
Aucklandia Costus Falcon.	Rad. Costi.
Anchusa tinctoria L.	— Alcannae.
Artemisia ramosa.	
— Santonicum L.	} Flor. s. semina Cynae.
— judaica L.	
Artemisia Vahliana Kostel.	
Aristolochia Serpentaria L.	Rad. Serpentariae.
Balsamodendron Kataf Kunth.	Myrrha.
— gileadense Kunth.	Bals. de Mecca.
— zeylanicum Kth.	Resina .Elemi orientalis.
Boswellia serrata Roxb.	} Olibanum.
— floribundum Roxb.	
Brayera anthelminthica Kunth.	Flores Brayerae.
(Hagenia abyssinica W.)	
Butea frondosa Roxb.	Gummi Lacca.
Bowdichia virgilioides Hb. et. H.	Cort. Sebopirac, auch angeblich Cort. Alcoronoque
Calophyllum Tacamahaca Wild.	Tacamahaca.
— inophyllum.	
Caesalpinia Crista L.	Lign. Fernambuci.

Cassia acutifolia Delil.
— lanceolata Forsk.
— obovata Collad.
— obtusata Hayne. } Fol. Sennae.

Chiococca densifolia et
— anguifuga Mart. { Rad. Caincae.

Cinnamomum axillare Mart. Cort. Paratado.
Cissampelos Pareira L. Rad. Pareirae bravae.
Convolvulus Mechoacanna L. — Mechoacannae.
Croton Eluteria Sw. C. lineare Jacq.
— C. Sloanei Bennet. } Cort. Cascarillae.
— lacciferum L. Lacca.
— Tiglium L. Sem. vel grana Tiglii.
— Pseudo-China Hb. Cort. Copalchi.
Dicypellium caryophyllatum N. E. — Cassia caryophyll.
Diosma serratifolia Vent. Fol. Bucco.
Dipterocarpus trinervis Bl.
Dryobalanops Camphora Colebrock } Camphora de Sumatra.
Elaphrium excelsum Kth.'
— tomentosum Jacq. } Resina Tacamahacae occidentalis.

Elettaria Cardamom. Wight.
Excoecaria Agallocha L.
Ferula Asa foetida L. Gummi resina Asa foetida.
— persica L. — — Sagapenum.
Ficus toxicaria L.
Galipea officinalis Hacok. Cort. Angusturae.
Geoffroya surinamens. St. Hil. — Geoffr. surinam.
Gypsophila Struthium L. Rad. Saponariae augyptiacae.
Haematoxylon Brasiletto Karst. Brasilholz von Columbien.
Hemidesmus indicus B. Br. Rad. Sassaparillae indic. a. Nannary.
Heudelotia africana Guilem. et. Perrot. Gummi resina Bdellium afric.
Hippomane Mancinella L.
Hevea guyanensis Aubl.
Icica Icicariba DC. Resina Elemi brasil.
Jonidium brevicaule Mart.
— Ipecacuanha Vent. } Rad. Ipecacuanhae nigrae.
— parviflora St. Hil.
Krameria triandra Roxb.
— ixina Geoffr. St. Hil. { — Ratanhiae.
— secundiflora Ht. Mex. — — mexic.
Ladenbergia macrocarpa Kl.
Melaleuca Cajaputi R. Ol. Cajaputi.
Menispermum palmatum Lam. Rad. Columbo.
Moringa pterygosperma L. Lign. nephriticum.
Myroxylon peruiferum L. Bals. peruvianum.
— toluiferum L. — de Tolu.

38

Myrtus caryopbyllata L.	
Nauclea Gambir Hunt.	Gambir.
Ocotea Puchury major Mart.	Sem. v. fabae Pichurim majores.
— minor Mart.	— — — — minores.
Opoidia galbanifera Ldl.	Gummi resina Galbani.
Panax Schinseng.	Rad. Ginseng.
Paulinia sorbilis Mart.	Guarana.
Phyllantbus Emblica L.	Fruct. Myrobal. Emblicae.
Polygala Senega L.	Rad. Senegae.
Psychotria emetica L. fil.	
Pterocarpus Draco L.	Resina Draconis.
— senegalensis Hook.	Kino senegale.
— santalinus L.	Lign. Santal. rubrum.
Rhododendr. chrysanthum L.	Fol. Rhododendri chrysanth.
Santalum album L.	Lign. Santal.
— myrtifolium Spreng.	
Semecarpus Anacardium L.	Fruct. v. sem. Anacardii orientalis.
— Cassuvium Spr.	
Simaruba gujanensis Rich.	Cort. rad. Simarubae.
Siphonia elastica Pers.	Caoutchouc.
— brasiliensis	
Smilax officinalis H. et B.	Rad. Sassaparillae.
— syphilitica Humb.	
Spigelia Anthelmia L.	Hb. anthelminth.
Strychnos colubrina L.	Lignum colubrinum.
— Ignatii.	Sem. v. fabae Ignatii.
Styrax Benzoin L.	Benzoes.
Sumbulus moschatus Reinsch.	Rad. Sumbul.?
Terminalia Chebula Roxb.	Fruct. v. sem. Chebul. nigr.
— citrina Roxb.	— — — — ectrinae.
Veratrum Sabadilla Retz.	Capsulae s. sem. Sabadillae.
— officinale Schlecht.	

Ein ähnliches Verzeichniss der im allgemeinsten Sinne des Wortes zu technischen Zwecken verwendeten Gewächse, insbesondere auch der tropischen Fruchtbäume, welche hier in gleicher relativer Vollständigkeit vorhanden sind, werde ich folgen lassen. Auch hier fehlen viele Mutterpflanzen von Producten, die schon längst bei uns eingeführt sind. Die Zahl sämmtlicher hier vorhandener in irgend einer Beziehung interessanter und nach dieser Richtung hin auch bezeichneter Gewächse beläuft sich auf 3000. Ueber den Inhalt unseres Gartens vom forstlichen Standpuncte aus, der sich auch von dem der Akademien wesentlich unterscheidet, habe ich schon früher einmal berichtet, in den Verhandlungen des schlesischen Forstvereins vom Jahre 1860. Ob man an irgend einem Orte davon Notiz genommen, habe ich nicht in Erfahrung bringen können, mit Hinblick auf die Beachtung, welche die botanischen Gärten meinen Bestrebungen bisher zu Theil werden liessen, darf ich es wohl kaum erwarten. Inzwischen fängt man doch an den geographisch-botanischen Verhältnissen, auch einer von mir erstrebten Aufgabe botanischer Gärten, mehr Rechnung zu tragen. So cultivirt Herr Professor Kerner in Innsbruck die Alpenpflanzen Tyrols auf ihrer geognostischen Unterlage und nach ihrer geographischen Verbreitung.

Seit Kurzem im Besitze eines Vermehrungshauses bin ich nun auch im Stande, auf Vervielfältigung der selteneren unter No. I. aufgeführten Gewächse einzugehen, welche ich dann sehr gern gegen andere, namentlich solche der Rubrik No. II. und gegen Orchideen vertauschen würde.

Breslau, den 4. April 1863.

www.ingramcontent.com/pod-product-compliance
Lightning Source LLC
Chambersburg PA
CBHW022032190326
41519CB00010B/1685